BEI GRIN MACHT SICH IHR WISSEN BEZAHLT

- Wir veröffentlichen Ihre Hausarbeit, Bachelor- und Masterarbeit

- Ihr eigenes eBook und Buch - weltweit in allen wichtigen Shops

- Verdienen Sie an jedem Verkauf

Jetzt bei www.GRIN.com hochladen und kostenlos publizieren

Bibliografische Information der Deutschen Nationalbibliothek:

Die Deutsche Bibliothek verzeichnet diese Publikation in der Deutschen Nationalbibliografie; detaillierte bibliografische Daten sind im Internet über http://dnb.d-nb.de/ abrufbar.

Dieses Werk sowie alle darin enthaltenen einzelnen Beiträge und Abbildungen sind urheberrechtlich geschützt. Jede Verwertung, die nicht ausdrücklich vom Urheberrechtsschutz zugelassen ist, bedarf der vorherigen Zustimmung des Verlages. Das gilt insbesondere für Vervielfältigungen, Bearbeitungen, Übersetzungen, Mikroverfilmungen, Auswertungen durch Datenbanken und für die Einspeicherung und Verarbeitung in elektronische Systeme. Alle Rechte, auch die des auszugsweisen Nachdrucks, der fotomechanischen Wiedergabe (einschließlich Mikrokopie) sowie der Auswertung durch Datenbanken oder ähnliche Einrichtungen, vorbehalten.

Impressum:

Copyright © 2015 GRIN Verlag, Open Publishing GmbH
Druck und Bindung: Books on Demand GmbH, Norderstedt Germany
ISBN: 978-3-668-24179-4

Dieses Buch bei GRIN:

http://www.grin.com/de/e-book/334468/produktionsgrundlagen-der-landwirtschaft-landnutzungstheorie-nach-johann

Anonym

Produktionsgrundlagen der Landwirtschaft. Landnutzungstheorie nach Johann Heinrich von Thünen

GRIN Verlag

GRIN - Your knowledge has value

Der GRIN Verlag publiziert seit 1998 wissenschaftliche Arbeiten von Studenten, Hochschullehrern und anderen Akademikern als eBook und gedrucktes Buch. Die Verlagswebsite www.grin.com ist die ideale Plattform zur Veröffentlichung von Hausarbeiten, Abschlussarbeiten, wissenschaftlichen Aufsätzen, Dissertationen und Fachbüchern.

Besuchen Sie uns im Internet:

http://www.grin.com/

http://www.facebook.com/grincom

http://www.twitter.com/grin_com

Universität Augsburg

Fakultät für Angewandte Informatik

Institut für Geographie

Produktionsgrundlagen der Landwirtschaft:

Landnutzungstheorie J.H. Thünen

Proseminar Humangeographie, WS 15/16

Bachelor Geographie

Abgabetermin: 12.2015

Inhaltsverzeichnis

Abbildungsverzeichnis III

1 Zur Person J.H. von Thünens 1

2 Die Landnutzungstheorie in der Theorie und Praxis 1

    2.1 Der isolierte Staat in Beziehung auf Landwirtschaft und Nationalökonomie 1

        2.1.1 Restriktive Annahmen 1

        2.1.2 Lagerente 2

        2.1.3 Thünensche Kreise 3

    2.2 Das Modell im Bezug zur Wirklichkeit 4

        2.2.1 Modifikationen im Modell 4

        2.2.2 Die Auseinandersetzung mit Thünen nach Leo Waibel 5

        2.2.3 Nachhaltigkeit als zusätzliche Zielsetzung Thünens 7

        2.2.4 Thünensche Ringe verschiedener Ordnungen in der Realität 8

        2.2.5 Kritik 9

3 Zeitlose Bedeutung Thünens 10

Literaturverzeichnis 11

Abbildungsverzeichnis

Abbildung 1: Lagerentenformel 2

Abbildung 2: Lagerente bei einem Anbauprodukt 2

Abbildung 3: Räumliche Sortierung der Landnutzung aufgrund des Differentialprinzips der Lagerente 3

Abbildung 4: Die Thünenschen Kreise 3

Abbildung 5: Modifikationen von Landnutzungssystemen 4

Abbildung 6: Innovative Veredelungswirtschaften im Thünensystem 5

Abbildung 7: Die landwirtschaftlichen Betriebssysteme Europas nach Beschorner 7

Abbildung 8: Produktionszonen um das Ruhrgebiet 1940 nach Müller-Wille 8

Abbildung 9: Landwirtschaftliche Nutzungsintensitäten in Europa um 1950 nach Valkenberg/Held 9

1 Zur Person J.H. von Thünens

Als Sohn eines Gutsbesitzers entschloss sich Johann Heinrich von Thünen (1783-1850) schon früh, Landwirt zu werden. Nach seiner landwirtschaftlichen Ausbildung und dem Kauf des Guts Tellow begann er, akribisch Daten über Erträge, Bodenfruchtbarkeit und Preise zu sammeln. Die dadurch gewonnen Erkenntnisse mündeten letztendlich in sein Hauptwerk „Der isolierte Staat in Beziehung auf Landwirtschaft und Nationalökonomie" (1826). Er geht darin der Fragestellung nach, „inwieweit ökonomische Gesetzmäßigkeiten zur Herausbildung optimaler räumlicher Strukturen der Bodennutzung führen" (Liefner, Schätzl 2012, S. 42). Sein Werk war grundlegend für spätere Modelle und Theorien, weshalb von Thünen auch als erster Standorttheoretiker angesehen wird. Diese Arbeit geht auf Grundlage der Theorie und dessen Ausprägung in der Praxis der Frage nach, ob Thünens Landnutzungstheorie in Zukunft noch Relevanz besitzen wird.

2 Die Landnutzungstheorie in der Theorie und Praxis

Im Folgenden werden zuerst die Annahmen, die von Thünens Werk zu Grunde legen, dargelegt. Zentrale Begriffe, wie die Lagerente und die Thünenschen Ringe werden erklärt und veranschaulicht. Im zweiten Teil wird der Bezug zur Wirklichkeit hergestellt. Modifikationen des Modells versuchen eine Annäherung an die Realität zu erreichen. Danach wird aufgezeigt, wie verschiedene Wissenschaftler versucht haben, die Thünenschen Ringe nachzuweisen. Auch die mehrfach geäußerte Kritik am Modell wird am Ende kurz angesprochen.

2.1 Der isolierte Staat in Beziehung auf Landwirtschaft und Nationalökonomie

2.1.1 Restriktive Annahmen

Für die Aufstellung seines Modells stellte von Thünen eine Reihe restriktiver Annahmen auf. Er ging von einem isolierten Staat aus, in dem weder Import noch Export stattfindet. Inmitten dieses kreisrunden Staates liegt eine zentrale Stadt, die das einzige Angebots- und Nachfragezentrum für die produzierten Güter darstellt. Umgeben ist diese von einer homogenen Ebene ohne Unterschiede in der Landschaft, wie z.B. Berge, Flüsse oder Bodenqualität. Also sind die Transportkosten an jedem Ort im isolierten Staat direkt proportional zur Entfernung der Stadt. Abhängig sind die Transportkosten außerdem noch von dem Gewicht, Volumen und der Verderblichkeit des Gutes (Liefner, Schätzl 2012, S. 41). Zu Grunde legt er zudem noch den Modellmenschen homo oeconomicus.

„Der Begriff homo oeconomicus bezeichnet einen fiktiven Akteur, der stets ökonomisch zweckrational handelt. Er ist bestrebt, seinen eigenen Nutzen zu maximieren (Erlösmaximierung, Kostenminimierung) und hat keinerlei individuellen Präferenzen und Vorlieben. Zudem kann er auf veränderliche Bedingungen sofort reagieren und verfügt über eine uneingeschränkte Marktkenntnis (perfekte Information)." (Braun, Schulz 2012, S. 32)

Durch diese isolierende Abstraktion gelang es Thünen, die Realität so zu vereinfachen, sodass er die wichtigen Faktoren der Landnutzung einfacher erkennen konnte (Braun, Schulz 2012, S. 32).

2.1.2 Lagerente

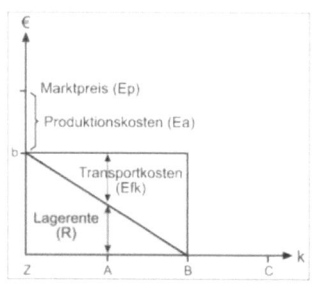

$$R = E \cdot (p - a) - Efk$$

wobei
R = Lagerente pro Flächeneinheit
E = Produktionsmenge pro Flächeneinheit
p = Marktpreis pro Produkteinheit
a = Produktionskosten pro Produkteinheit
f = Transportrate pro Distanzeinheit
k = Entfernung des Produktionsstandorts zum Konsumzentrum

Abbildung 2: Lagerente bei einem Anbauprodukt
Quelle: Liefner, Schätzl 2012, S. 42.

Abbildung 1: Lagerentenformel
Quelle: Liefner, Schätzl 2012, S. 42.

Ausgehend von seinen restriktiven Annahmen konstruierte Thünen nun die Lagerente (Abb. 2). Sie lässt sich vereinfacht aus dem Reingewinn abzüglich den Transportkosten berechnen. Die Lagerente ist folglich direkt um die zentrale Stadt Z am höchsten und nimmt mit zunehmender Entfernung linear ab. Am Punkt B entsprechen die Transportkosten dem Reingewinn. Hier erwirtschaftet der Landwirt weder Gewinn noch macht er Verluste. Am Punkt C wird das Gut nicht mehr angebaut, da er hier aufgrund der noch höheren Transportkosten, aber gleichbleibendem Reingewinn nur Verluste macht. Anhand der Lagerentenformel (Abb. 1) lässt sich erkennen, dass der Subtrahend Efk, also die Transportkosten, entscheidend für die Berechnung ist. Genauer sind es die Faktoren f und k, wobei f sich auf das Volumen, Gewicht und Verderblichkeit und k auf die Distanz zur zentralen Stadt bezieht (Kulke 2013, S. 64).

2.1.3 Thünensche Kreise

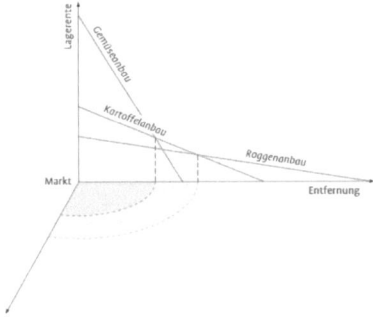

Abbildung 3: Räumliche Sortierung der Landnutzung aufgrund des Differentialprinzips der Lagerente
Quelle: Bathelt, Glückler 2012, S. 116.

Wenn nun für mehrere Güter die Lagerente berechnet wird und die dazugehörigen Graphen übereinandergelegt werden, ist zu erkennen, dass diese sich unterscheiden (Abb. 3). Der Gemüseanbau hat beispielsweise einen sehr hohen Ertrag pro Flächeneinheit, zugleich aber auch sehr hohe Transportkosten durch die leichte Verderblichkeit. Dadurch ergibt sich eine sehr steile Lagerentenkurve, die mit zunehmender Entfernung vom Markt stark fällt. Die Kurve für den Kartoffelanbau ist im Vergleich dazu flacher, da hier die Transportkosten, aber auch der Reingewinn viel geringer sind als beim Gemüseanbau. Interessant ist nun der Schnittpunkt beider Kurven. Hier sind die Lagerenten beider Güter gleich groß. Da aber der Transport von Gemüse aufwendiger als der der Kartoffeln ist, fällt die Lagerente für die Kartoffel ab dem Schnittpunkt höher aus. Der Anbau wechselt also ab diesem Punkt. Aus diesem sogenannten Differentialprinzip lassen sich nun Kreise um die zentrale Stadt herum ziehen, die Thünenschen Kreise (Abb. 4) (Bathelt, Glückler 2012, S. 115f).

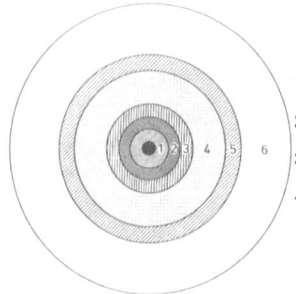

1. Freie Landwirtschaft   5. Dreifelderwirtschaft
2. Forstwirtschaft   6. Viehzucht
3. Fruchtwechselwirtschaft   7. Unkultivierte Wildnis
4. Koppelwirtschaft

Abbildung 4: Die Thünenschen Kreise
Quelle: Ritter 1998, S. 43.

Es lässt sich erkennen, dass es bei den Thünenschen Kreisen 3 aufeinanderfolgende Getreideanbauzonen gibt, nämlich vom dritten bis zum fünften Kreis. Warum diese nicht in eine Zone zusammengefasst werden ergibt sich aus dem Intensitätsprinzip. Je näher ein Gut am Markt angebaut wird, desto höher muss auch dessen Lagerente sein. Der entscheidende Faktor sind nun aber nicht mehr die Transportkosten des Getreides, sondern dessen Produktionsmenge pro Flächeneinheit. Diese lässt sich mit höherer Arbeitsintensität steigern. Deshalb nimmt mit zunehmender Entfernung von der zentralen Stadt die Arbeitsintensität ab, gleichzeitig nimmt aber der Bracheanteil zu. Daraus ergeben sich verschiedene Landnutzungen, die die Einteilung in 3 verschiedene Kreise ermöglichen (Bathelt, Glückler 2012, S. 116).

2.2 Das Modell im Bezug zur Wirklichkeit

2.2.1 Modifikationen im Modell

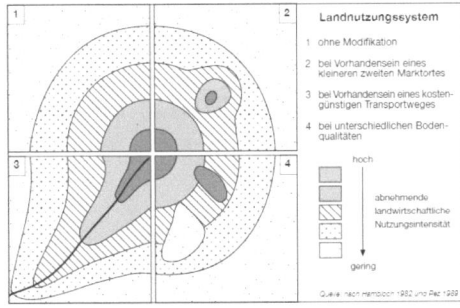

Abbildung 5: Modifikationen von Landnutzungssystemen

Quelle: Kulke 2013, S. 66.

Das Modell von Thünen kann im Hinblick auf seine restriktiven Annahmen des isolierten Staates und der homogenen Ebene verändert werden (Abb. 5). Dies verursacht folglich eine Veränderung der Ringstruktur. Im Fall 2 bilden sich um den kleineren zweiten Marktstandort Zonen intensiverer Nutzung, da der Transportweg zum nächsten Absatzmarkt kürzer geworden ist. Dadurch ist der Anbau im eigentlich dritten Ring für Güter des ersten und zweiten Ringes rentabel. Im Fall 3 erfolgt eine Ausdehnung der Ringstruktur an dem vorhandenen kostengünstigen Transportweg, verursacht unter anderem durch einen Fluss oder eine Eisenbahnstrecke. Im letzten Fall bilden sich Zonen intensiver und geringer Nutzung inmitten der konzentrischen Kreise aus. Aufgrund unterschiedlicher Bodenqualität wird beispielsweise der Anbau von Gemüse im dritten Ring möglich, da dort ein besonders großer Ertrag erwirtschaftet werden kann. Im Gegensatz dazu kann ein Gebirge die landwirtschaftliche Nutzung unterbinden, wodurch ein Gebiet komplett ungenutzt bleiben muss. Obwohl sich dort also der Anbau eines Gutes lohnen würde, wird dies durch das Relief oder eine schlechte Bodenqualität verhindert (Kulke 2013, S. 66).

Eine weitere Modifikation seines Modells zeigt Thünen mit dem Schnapsbrennerproblem auf. Als Beispiel hat ein Landwirt im sechsten Ring, der eigentlich für die Viehzucht vorgesehen ist, noch ungenutzten Raum übrig. Er baut dort das eigentlich unrentable Getreide an. Um dies mit Gewinn verkaufen zu können, verändert er die Transportkosten. Durch das Schnapsbrennen senkt er das Volumen des Getreides und dadurch auch die Kosten für den Transport. Ein praktisches Beispiel liefern die schottischen Whisky-Formationen. Dort ist der Anbau von Gerste im Vergleich zu der sonst üblichen Schafzucht aufgrund der besonderen Bodenqualität rentabler. Durch die Aufhebung der Getreidegesetze in Großbritannien hätten sich die Bauern auf eine unergiebigere Wirtschaftsweise umstellen müssen. Durch das Schnapsbrennen konnten sie aber ihre Gerste in Form von Whisky wieder verkaufen. Generell kann also der Produzent durch Veredelung Güter in eigentlich unrentablen Zonen anbauen. Entweder, indem er den Gewinn erhöht oder die Transportkosten senkt. Erreicht wird das durch Senkung des Gewichts oder Volumens oder der Haltbarmachung unter anderem von Milch zu Käse oder Butter (Ritter 1998, S. 48f).

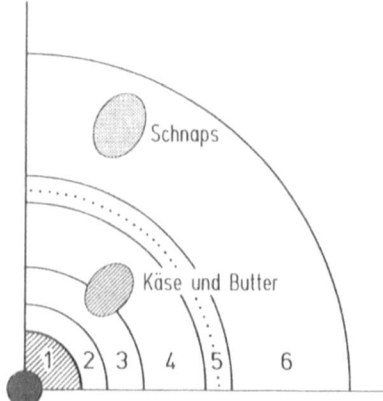

Abbildung 6: Innovative Veredelungswirtschaften im Thünensystem
Quelle: Ritter 1998, S. 49.

2.2.2 Die Auseinandersetzung mit Thünen nach Leo Waibel

Leo Waibel befasste sich 1933 in dem Aufsatz „Das Thünensche Gesetz und seine Bedeutung für die Landwirtschaftsgeographie", inwieweit man Thünens Modell in die Wirklichkeit übertragen kann. In der landwirtschaftlichen Forschung blieb die Landnutzungstheorie lange Zeit unbeachtet, da aus Sicht von vielen Zeitgenossen Thünens der isolierte Staat nichts mit der Wirklichkeit zu tun hat. Tatsächlich gibt es ihn in der Realität auch nicht, was Thünen selber ausdrücklich betonte. Er dient vielmehr als eine Arbeitshypothese zur Erklärung der Wirklichkeit. In der volkswirtschaftlichen Forschung hingegen wurde Thünen schon zu seinen Lebzeiten gewürdigt. Roscher bezeichnete ihn als „den größten exakten Volkswirt der Deutschen" (Waibel 1933, S. 115). 1845 schildert Roscher selbst auf Grundlage der Thünenschen Ringe diese Struktur in England mit London als zentrale Stadt. Er und Thünen gaben auch den

Hinweis auf Thünensche Ringe im Altertum, welcher von Heinrich Wiskemann 1859 aufgegriffen wurde. In seiner Schrift „Die antike Landwirtschaft und das Thünensche Gesetz" zeigt er auf, dass früher Rom und Athen Ringstrukturen hatten, die vergleichbar mit denen Thünens sind.

Waibel schreibt des weiteren Th. H. Engelbrecht eine besondere Bedeutung zu. Wie Thünen stammt auch Engelbecht aus der Marsch und ist ebenfalls ein Landwirt. Er hat aber im Gegensatz zu ihm mehrere Jahre als Farmer in Iowa verbracht. Auf Grundlage Thünens beschrieb er um 1883 ein schachbrettartiges Muster in Nordamerika. Mit der Ostküste Amerikas und den dortigen Häfen als zentrale Stadt nahmen die Transportkosten nach Westen immer weiter zu. Zusätzlich zu diesen klassischen Thünenschen Ringen bezog Engelbrecht aber noch die klimatischen Verhältnisse in seine Überlegungen mit ein. Die Transportkosten sind laut ihm nicht der einzige Faktor, der eine entscheidende Bedeutung für die Einteilung der landwirtschaftlichen Nutzflächen hat. Er zog deshalb sogenannte Isothermen von Süden nach Norden entsprechend den klimatisch bedingten Ackerbauzonen. Die so entstandenen Linien schneiden sich folglich im rechten Winkel und ergeben das erwähnte schachbrettartige Muster. Engelbrecht Bestreben war es nun, die Thünenschen Ringe in möglichst exakter Weise nachzuweisen. Dazu verwendete er seine eigene statistische Methode, da die weltweite Erfassung des Intensitätsgrades aus seiner Sicht zu aufwendig sei. Letztendlich führte dies zu den sogenannten Engelbechtschen Landbauzonen. Problem dabei war aber, dass er die landwirtschaftliche Gliederung nicht nach wirtschaftlichen Aspekten, sondern nach klimatischen Faktoren herausarbeitete. Deshalb besteht auch eine große Ähnlichkeit mit den Klimazonen.

Franz Beschorner verfolgte 1923 eine andere Herangehensweise, die aber auch zum Ziel hatte, die Welt nach dem Vorbild Thünens zu untergliedern. Aber im Gegensatz zu ihm zog er nicht die Lagerente als bestimmenden Faktor heran. Beschorner setzte die Wirtschaftsformen und Betriebssysteme gleich und versuchte so, Ringe in Europa nachzuweisen. Dabei unterscheidet er sechs Gruppen, die hier kurz erklärt werden. Die erste ist die der Fruchtwechselwirtschaft. Diese intensive Landnutzung setzt sich aus 50% Getreidearten und 50% Blattgewächse, die jährlich ihr Anbaugebiet tauschen, zusammen. Als zweite Gruppe definiert Beschorner die reguläre Feldgraswirtschaft. Hier ist mindestens 30% der Ackerfläche mit Futterpflanzen bestellt. Die Felderwirtschaften bilden die dritte Gruppe. Abhängig von der jeweiligen Bewirtschaftung nehmen hier die Getreidearten 50% bis 100% des Ackerlandes ein. Das extensivste Betriebssystem bezeichnet er als die Urwechselwirtschaft, welche die nächste Gruppe bildet. Nach ein- bis mehrjähriger Nutzung wird das Areal für einige Zeit sich selbst überlassen. Als nächstes nennt er die reine Weidewirtschaft, welche verschiedene Beweidungsarten vereint. Als letztes folgt noch die Plantagenwirtschaft. Auch wenn diese Unterteilung unvollständig ist und der Thünes nur in Ansätzen ähnelt, so ist sie dennoch ein Versuch der Gliederung nach betriebswirtschaftlichen Gesichtspunkten. Mit seiner Karte von

Europa, welche er auf Grundlage seiner Gruppen nach dem Grad der Intensität erstellte (Abb. 7), wird dies laut Waibel wie in keiner anderen Karte zu seiner Zeit veranschaulicht. Zu erkennen ist eine immer extensivere Landnutzung mit zunehmender Entfernung vom Ärmelkanal (Waibel 1933, S. 112ff)

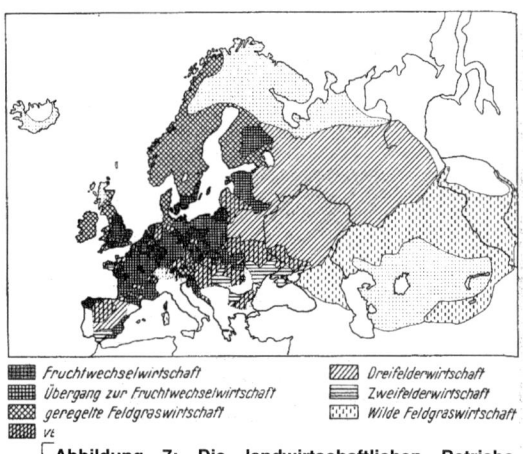

Abbildung 7: Die landwirtschaftlichen Betriebssysteme Europas nach Beschorner
Quelle: Waibel 1933, S. 126.

2.2.3 Nachhaltigkeit als zusätzliche Zielsetzung Thünens

Anlässlich des 150. Todestages von Johann Heinrich von Thünen am 22. September 2000 befasste sich Detloff Köppen in seiner Schrift „Aktuelle agrarökologische Aspekte in der Lehre Thünens" mit den weniger bekannten Teilen der Theorie.

„Thünen gab für die Bodennutzung drei unterschiedliche Zielstellungen vor:

1. Wenn der Zweck der Wirtschaft ist, den Boden in Hinsicht seines Reichtums in einem beharrenden Zustand zu erhalten, welches Wirtschaftssystem liefert dann den höchsten Geldertrag?

2. Unter welchen Verhältnissen ist es vorteilhaft, den Reichtum des Bodens auf Kosten des Geldertrages zu erhöhen, und bis zu welchem Grade kann der Reichtum des Bodens mit Vorteil vermehrt werden?

3. Wenn der Zweck der Wirtschaft nicht auf den höchsten Geldertrag, sondern auf die Bereicherung des Bodens gerichtet ist, durch welches Wirtschaftssystem wird dann die Vermehrung des Reichtums mit den mindesten Kosten erreicht?" (Köppen 2000, S.182)

Während die erste Zielstellung die bekannteste ist und klar auf die Maximierung des Gewinns abzielt, sind für Köppen vor allem die zweite und dritte Fragestellung von Interesse. Dort spielt zwar auch eine Optimierung der Bodennutzung eine Rolle, der Schwerpunkt liegt aber diesmal auf einer nachhaltigen Landwirtschaft. Thünen untersuchte deshalb auf seinem Hof in Tellow unter anderem den Rapsanbau und dessen Einfluss auf die darauffolgende Anbauweise. Wenn Raps in der zweiten Rotation auf der gleichen Fläche angebaut wird, beobachtete er eine Abnahme des Ertrags um 20%. Der Grund war die Vermehrung von Schädlingen. Mit Hilfe von Pogge zu Roggow und dessen Sohn fand er des Weiteren heraus, dass Roggen den Boden stärker aussaugt als Raps. Dies soll beispielhaft verdeutlichen, welche Erkenntnisse Thünen schon zu seiner Zeit entdeckte. Köppen hebt hier vor allem die Bedeutung für die heutige Zeit hervor. Thünens Zielsetzungen und Erkenntnisse besitzen noch immer Relevanz und sind laut Köppen von der Wissenschaft noch immer nicht umfassend beantwortet (Köppen 2000, S. 181ff)

2.2.4 Thünensche Ringe verschiedener Ordnungen in der Realität

Die Thünenschen Ringe lassen sich generell in drei verschiedene Ordnungen aufteilen. Diejenigen kleiner Ordnung lassen sich um landwirtschaftliche Betriebe und Siedlungen erkennen. Die Einteilung erfolgt hier nach dem Intensitätsprinzip. Je weiter man sich vom jeweiligen Zentrum entfernt, desto stärker nimmt der Einsatz von Düngemitteln und der betriebene Arbeitsaufwand ab. Nachgewiesen wurde dies unter anderem von Müller-Wille (1936) anhand der Ackerfluren im Birkenfelder Land. Auch Chrisholm (1970, Kap. 4) und Stamer (1995) wiesen Ringe um städtische Siedlungen nach.

Ringe mittlerer Ordnung entstehen auf regionaler Ebene. Müller-Wille (1952) untersuchte hierzu die Region des Ruhrgebietes (Abb. 8). Er konnte dort schon um 1800 Thünensche Ringe erkennen. Im Verlauf des 19. Und 20. Jahrhunderts verloren zwar die Transportkosten an Bedeutung. Dennoch bildeten sich Zonen unterschiedlicher Nutzung aus, die wiederum mit zunehmender Entfernung zum Ruhrgebiet extensiver bewirtschaftet wurden. Das Intensitätsprinzip bildet auch hier die Grundlage.

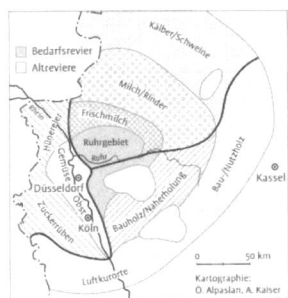

Abbildung 8: Produktionszonen um das Ruhrgebiet 1940 nach Müller-Wille

Quelle: Bathelt, Glückler 2012, S. 118

Als letztes folgen die Ringe größter Ordnung. Valkenburg und Held (1952) befassten sich mit den Hektarerträgen in Europa um die Ringe auf supranationaler Ebene aufzuzeigen. Sie setzten den Durchschnittsertrag verschiedener Nutzpflanzen gleich 100 und konnten somit die Bodennutzungsintensitäten in Europa vergleichen (Abb. 9). Es fällt eine gewisse Ähnlichkeit mit der von Beschorner erstellten Karte Europas auf (Abb. 7). Bei beiden lässt sich eine Konzentration der landwirtschaftlichen Nutzung um den Ärmelkanal und den BeNeLux-Ländern erkennen. Diese nimmt bei Valkenburg und Held mit zunehmender Entfernung von diesem Zentrum ab. Dennoch ist diese Karte mit Vorsicht zu genießen, da auch klimatische Faktoren Einfluss auf die Hektarerträge ausüben. Die Zunahme der Durchschnittstemperatur von Norden nach Süden und die erhöhte Kontinentalität sind hierbei die wichtigsten Größen (Bathelt, Glückler 2012, S. 116ff).

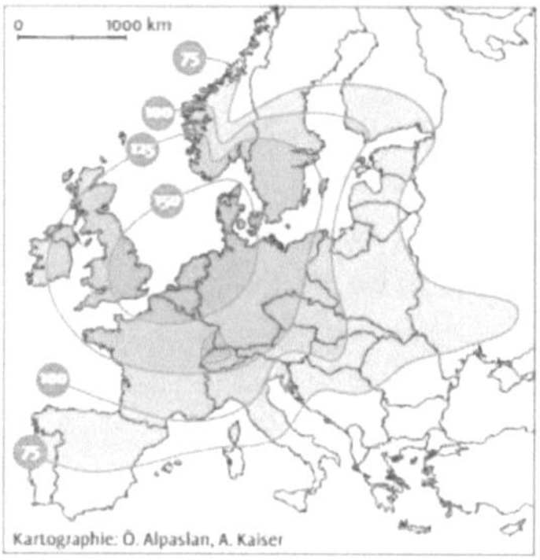

Abbildung 9: Landwirtschaftliche Nutzungsintensitäten in Europa um 1950 nach Valkenberg/Held

2.2.5 Kritik

Die Landnutzungstheorie von Thünen wird aber auch von verschiedenen Wissenschaftlern kritisch betrachtet. Vor allem die Geographie und Raumpolitik, welche räumliche Disparitäten erklären wollen, kritisieren die Neutralisierung eben dieser Faktoren. Dennoch ist gerade dies für die Aufstellung seines Modells unabdingbar. Ohne die isolierende Abstraktion wäre die Untersuchung der Landnutzung mit sehr großem Aufwand verbunden (Voppel 1999, S. 47).

Auch die Forstwirtschaft im zweiten der Thünenschen Ringe zu verorten, verschaffte Anlass zu Kritik. Wenn man sich aber in die Zeit versetzt, in der Thünen seine Theorie aufstellte, wird schnell klar, warum er zu dieser Entscheidung kam. 1826 erfolgte der Transport über Land noch mit Nutztieren und für das sperrige und schwere Holz gestaltete sich dieser als äußerst aufwendig (Voppel 1999, S.48). Als praktisches Beispiel eignet sich der Vergleich zwischen Nürnberg und Aachen mit Köln. Während letztere Stadt an einem schiffbaren Fluss liegt, ist dies bei Nürnberg oder Aachen nicht der Fall. Diese beiden Städte besitzen dafür einen großen Stadtwald, welcher den Holzbedarf deckt. In Köln geschieht dies über den Transport des Holzes mittels des Rheins. Die Verortung der Forstwirtschaft im zweiten Ring macht also zur Zeit Thünens unter Berücksichtigung der homogenen Ebene durchaus Sinn. Erst mit der Einführung und dem Ausbau der Eisenbahn im Verlauf des 19. Jahrhunderts ermöglichte dies nach und nach den einfacheren Transport über längere Strecken. Thünen konnte dieser Entwicklung aber erst nach der Veröffentlichung seines Werkes Rechnung tragen (Waibel 1933, S. 131f).

3 Zeitlose Bedeutung Thünens

Angefangen als einfacher Landwirt führte Johann Heinrich von Thünen genaue Aufzeichnungen über sein Landgut bei Tellow. Seine gewonnenen Erkenntnisse waren richtungsweisend, und das nicht nur für die Landwirtschaft. Dass er dadurch nicht nur in seiner Zeit bekannt wurde, sondern auch noch heute, 165 Jahre später noch immer Bedeutung besitzt, zeigt unter anderem die Errichtung des Johann Heinrich von Thünen-Instituts zum Jahre 2008. Während er zu seinen Lebzeiten nur wenig Anerkennung bekam, so wurde seine Theorie in den folgenden Jahren immer wieder aufgegriffen. Unter anderem steuerten seine restriktiven Annahmen grundlegendes zu den Standorttheorien von Walter Christaller und August Lösch bei. Auch die Arbeiten vieler Wissenschaftler zum Nachweis der Thünenschen Ringe in der Wirklichkeit ist ein weiteres Indiz dafür. Und auch wenn sich in den Industrieländern heutzutage eine Auflösung der Ringstruktur durch den Bedeutungsverlust der Transportkosten und anderer Faktoren ergibt, so lassen sich in Entwicklungsländern mit schlechter Verkehrsinfrastruktur die Ringe noch immer erkennen (Braun, Schulz 2012, S. 37). Abschließend lässt sich festhalten, dass Thünen mit seiner über 165 Jahre alten Landnutzungstheorie trotz berechtigter Kritik in der Zukunft weiterhin Relevanz besitzen wird. Denn die Auseinandersetzung damit muss und wird immer wieder stattfinden.

Literaturverzeichnis

Bathelt H., Glückler J. (2012): Wirtschaftsgeographie. Ökonomische Beziehungen in räumlicher Perspektive. 3., vollst. überarb. u. erw. Aufl., Stuttgart.

Braun B., Schulz Ch. (2012): Wirtschaftsgeographie. 1. Aufl., Stuttgart.

Köppen D. (2000): Aktuelle agrarökologische Aspekte in der Lehre Thünens. In: Agrargeschichte und Agrarsoziologie, 2, 48. Jg., S. 181-188.

Kulke E. (2013): Wirtschaftsgeographie. 5., überarb. Aufl., Paderborn.

Liefner I., Schätzl L. (2012): Theorien der Wirtschaftsgeographie. 10., komplett überarb. Aufl., Paderborn.

Ritter W. (1998): Allgemeine Wirtschaftsgeographie. Eine systemtheoretisch orientierte Einführung. 3., überarb. u. erw. Aufl., München.

Voppel G. (1999): Wirtschaftsgeographie. Räumliche Ordnung der Weltwirtschaft unter marktwirtschaftlichen Bedingungen. Stuttgart.

Waibel L. (1933): Das Thünensche Gesetz und seine Bedeutung für die Landwirtschaftsgeographie. In: Ruppert K. [Hrsg.]: Agrargeographie. Darmstadt. S. 103-146.

BEI GRIN MACHT SICH IHR WISSEN BEZAHLT

- Wir veröffentlichen Ihre Hausarbeit, Bachelor- und Masterarbeit

- Ihr eigenes eBook und Buch - weltweit in allen wichtigen Shops

- Verdienen Sie an jedem Verkauf

Jetzt bei www.GRIN.com hochladen und kostenlos publizieren